MW01536481

spot

LOS GATOS SALVAJES

LOS LEOPARDOS

por Alissa Thielges

AMICUS | AMICUS INK

manchas

patas

Busca estas palabras e imágenes mientras lees.

mandíbula

cola

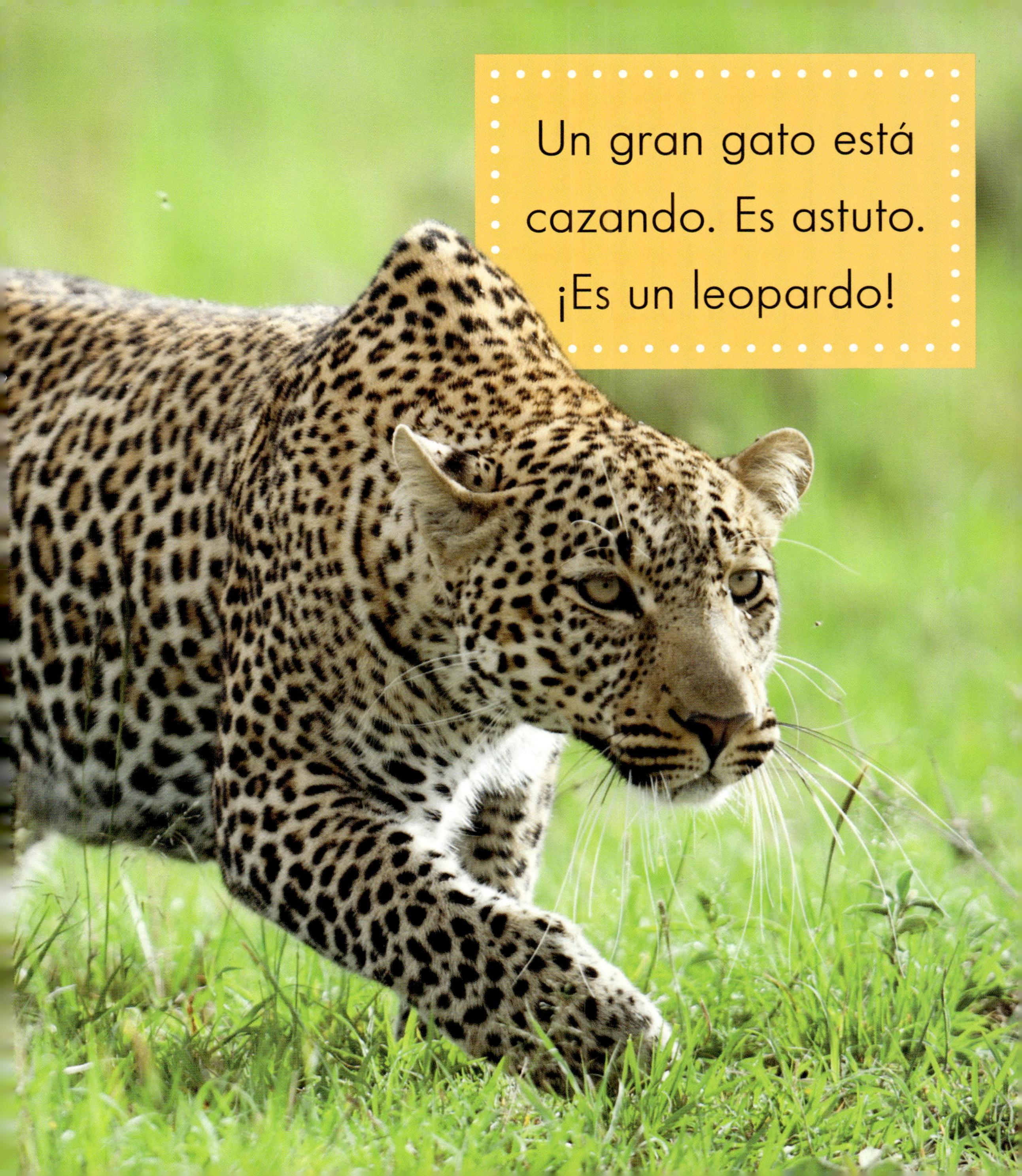

Un gran gato está
cazando. Es astuto.
¡Es un leopardo!

Un leopardo es café claro y negro. Algunos son todos negros. Se llaman panteras.

¿Ves las manchas oscuras?
Son rosetas. Ayudan
al leopardo a esconderse.

manchas

¿Ves las patas?

Se agachan para cazar.

Entonces, ¡se lanzan!

patas

¿Ves la mandíbula? Muerde fuerte.
El gato puede arrastrar
la comida a los árboles.

mandíbula

¿Ves la cola? Es larga.
La usa para
tener equilibrio.

cola

Un leopardo descansa en un árbol. Por la noche, cazará.

manchas

patas

¿Lo encontraste?

mandíbula

cola

spot

Spot es una publicación de Amicus y Amicus Ink
P.O. Box 1329, Mankato, MN 56002
www.amicuspublishing.us

Copyright © 2021 Amicus.
Todos los derechos reservados. Prohibida la reproducción,
almacenamiento en base de datos o transmisión por cualquier
método o formato electrónico, mecánico o fotostático, de
grabación o de cualquier otro tipo sin el permiso por escrito
de la editorial.

Library of Congress Cataloging-in-Publication Data
Names: Thielges, Alissa, 1995- author.
Title: Los leopardos / by Alissa Thielges.
Other titles: Leopards. Spanish
Description: Mankato, MN : Amicus/Amicus Ink, [2021] |
   Series: Spot gatos salvajes | Audience: Ages 4–7 |
   Audience: Grades K–1
Identifiers: LCCN 2019050251 (print) | LCCN 2019050252
   (ebook) | ISBN 9781645491835 (library binding) | ISBN
   9781681527123 (paperback) | ISBN 9781645492092 (pdf)
Subjects: LCSH: Leopard—Juvenile literature
Classification: LCC QL737.C23 T47353518 2021 (print) |
   LCC QL737.C23 (ebook) | DDC 599.75—dc23
LC record available at https://lccn.loc.gov/2019050251
LC ebook record available at https://lccn.loc.gov/2019050252

Impreso en los Estados Unidos de America

HC   10 9 8 7 6 5 4 3 2 1
PB   10 9 8 7 6 5 4 3 2 1

Gillia Olson, editora
Deb Miner, diseñadora de la serie
Ciara Beitlich, diseñadora de libro
   & investigación fotográfica

Créditos de las imágenes: Age
Fotostock/Simoneeman 6–7; Getty/
Mario Moreno cover, 16; iStock/GP232
3; iStock/GlobalP 4–5, 12–13; iStock/
skibreck 8–9; iStock/1001slide 14–15;
Shutterstock/Eric Isselee 1; Shutterstock/
Eric Lahey 10–11

LOS LEOPARDOS